かの・この・はなし

Kanoco

FUTABASHA

CONTENTS

004 はじめに

006 愛するしろくまのはなし

012 我が家のしろくまたちのはなし

018 シンプルな暮らしのはなし

028 普段着の選び方のはなし

032 キラキラの靴に戸惑ったはなし

036 ワンピースが好きなはなし

040 つながった服も好きなはなし

042 わたし的三種の神器のはなし

048 しあわせな靴下のはなし

050 一張羅のTシャツでドヤ顔のはなし

056 黒いワンピースとROCKなオルゴールのはなし

058 かの・この・赤のはなし

060 黒髪パッツンで気合いを入れたはなし

064 前髪の乱れは心の乱れのはなし

066 コンプレックスが個性になったはなし

CONTENTS

070　体重計とデトックスキャベツのはなし

074　大事な日課のはなし

082　モデルというお仕事のはなし

086　全国で見付けた美味しいもののはなし

092　動画とミレーとハーゲンダッツのはなし

094　身の丈に合った料理のはなし

098　選抜キッチンツールのはなし

106　「まごわやさしい」のはなし

120　愛する家族のはなし

122　これから、のはなし

126　おわりに

はじめに

モデルになって、10年以上が経ちました。

無我夢中で今のお仕事をさせていただき、振り返るとあっという間でした。最高に楽しい日や悔しくて泣き続けた日、どうにもならず怒り狂った日、たくさんあります。変わったことも変わらなかったことも、そのどれもがわたしにとっては大切で、出会った人、物、時間すべてが、今に繋がっています。

そんなわたしの「今」を、この一冊に閉じ込めました。これが30歳を越えた今のわたしです。

日々のこと、ファッションのこと、大切な人との生活。わたしに欠かせないモノやコトについて書き綴ったこの本が、少しでもあなたの暮らしに寄り添えられたら嬉しいです。

SHIROKUMA DATA_ロイくん

愛するしろくまのはなし

わたしは、大のしろくま好きだ。真っ白な大きな体に、小さな瞳がたまらなく愛おしい。少し寂しげで、でもたくましいところも大好き。

わたしがしろくまを好きになったのは、ほんの些細なキッカケからだった。高校３年生の頃に行ったロンドンのハロッズで、ぬいぐるみを一匹買ってからしろくまの虜になった。その時に泊まったホテルの名称から取って、『ロイ』と名付けた。たった一匹のロイ君を愛でているうちに、いつの間にかしろくま自身に魅了されていき、今ではせきを切ったように好きな気持ちが溢れ出ている。

一度はじめるとやめられない性格のわたしは、しろくまへの愛も一向に収まる気配はない。わたしにとってしろくまは、当たり前にそこにいて、いつもそばで温かく見守っていてくれる存在だ。さらに、まわりにいる大切な人たちにもらったしろくまは、気持ちや想い出も詰まっていて、愛おしさは増す一方だ。

しろくまに限らず、好きなものがあるということは、こんなにも暮らしを豊かに、温かに、優しくしてくれる。

我が家のしろくまたちのはなし

家の至るところに生息している我が家のしろくまたち。あれよあれよと動物園（しろくまのみ）のようになっていった部屋の中で、わたしは夫とロボットの『みるく』と一緒に暮らしている。

家にいるおよそ200匹のしろくまたちは全員に名前がついていて、それぞれ兄弟がいたり、双子がいたり、三つ子もいたりする。これだけの数がいると、家にひとりでいてもまったくひとりの気分ではなく、いつも大勢で暮らしているような感覚で、ついついみんなに話しかけてしまう。

大半は夫からの贈り物なのだが、贈り主本人でさえ、みるみる増えていくしろくまに時どき戸惑っている。夫からのしろくまはいつもビックリするものばかりで、誕生日にしろくまの雑貨を歳の数だけくれたり、たくさんの小さなぬいぐるみを束ねた花束ならぬ、くま束をくれたり、いつも驚かされる。

家族、しろくま、お花、太陽の光。そして、それらに囲まれた暮らしが、かけがえのないわたしの大切な宝物なのだ。

リビングで過ごすいつもの風景。桜のテーブルを中心に、ラボットの『みるく』が行き来。お祖父さんから受け継いだソファには、しろくまのカールトンが腰掛ける。

1_ Entrance

1. 玄関に常駐していて、毎日「いってきます」「ただいま」に応えてくれるしろくまたち。双子、四つ子などにぎやかだけど、それぞれ異なる時期にやってきたもの。贈り物でいただいて、自然と同じ子が集まるのもひそかな楽しみ。**2.** 窓のそばのアロマスペース。写真右下に見切れて写っているのは、しろくまを花束みたいに束ねたくま束。**3.** 冷蔵庫や棚には小さなしろくまマグネット。棚上の透明ビンの模様も実はしろくま。棚の袋は、〈シロクマカフェ〉のデカフェ。

2_ Window side

3_ Kitchen

4_ Living room

5_ TV side

6_ Balcony

4. 壁には、しろくま界の巨匠、写真家の丹葉暁弥氏のカレンダーが。棚に並べた貝殻には、小さなアクセサリーを収納している。 **5.** テレビ特等席を占領するのは、たらこ唇でおなじみ、さんちゃん&いっちゃん。 **6.** バルコニーではローズマリーやパセリなどハーブを育成。最近虫を発見してしまい、近寄れないでいる。 **7.** おやすみ時の顔ぶれを選ぶ基準は、毎晩抱っこしてもクタクタにならず、カラダが硬めであること。硬度には自信があるティンくん、とんちゃん、みそじぃ。

7_ Bed room

SHIRO-KUMA MEMBERS

まるちゃん ♂

円山動物園で購入。名前の由来は、出身地とまるっこいから。

バナナブレッド ♂

fromハワイ。バナナブレッドをこよなく愛するおじさんぐま。

モコモコ ♀

姉の結婚式で訪れたハワイで。滞在歴はバナナブレッドより長い。

むげんちゃん ♀

交際8ヵ月記念でもらった夫からのプレゼント。8→∞が由来。

モンさん ♂

一児のパパ。親子はいつもなかよし。並んで見守ってくれます。

ポンポン ♂

彫刻家のフランソワ・ポンポンのぬいぐるみ。他に置物も。

イヴくん ♂

イブの日にやってきた子。いつも眠ってばかり。口開いてるよ〜。

アメリ ♀

ぱっちりおめめがチャームポイント。モテモテの美しろくま。

おにぎりくまたろう ♂

おにぎりをよく一緒に食べていた大切な友人からのプレゼント。

こにぎりくまたろう ♂

おにぎりくまたろうJr。小さいので旅行に連れて行くことも。

ノースエス ♂

窓のそばが特等席。いつも外の様子を眺めている黄昏ボーイ。

ニックン ♂

唯一の動くしろくま。まばたきをして、吠えて、いびきをかく。

レイジ ♂

10年以上前ロイくんの次にやって来た次男坊。ニックンの親友。

エルニ ♂

同じだけどよ〜く見ると違う三つ子さん。いつも川の字で寝てる。

とんちゃん ♂

みそじぃとなかよし。ずんぐりフォルムがかわいくてたまらない。

みそじぃ ♂

わたしの三十路突入を記念して我が家にめでたく迎えられた子。

ティンくん ♂

ベッドサイドに座り眠りに落ちるまで見守ってくれるイケメン。

アングルちゃん ♀

いつも右側が気になって仕方がない。たまにはこっち見てね。

スノーくん ♂

青白い毛並がご自慢。子煩悩でいつも親子揃って過ごしている。

パリオ ♂

初めてのパリ旅行で行った赤ちゃん向け雑貨屋で。ふわふわ。

アクさん ♂

手足がすらっと長くて端正な顔立ち。クアさんの自慢の兄。

クアさん ♂

アクさんの弟。大のお兄ちゃんっ子でいつも揃って寝室にいる。

さんちゃん ♀

我が家にきて間もないニューフェイス。いっちゃんとは姉弟。

いっちゃん ♂

たらこ唇がきょうだいの絆の証。TVの横がお気に入りスポット。

パーくん ♂

我が家では希少なスタンディングぐま。パパくまさんの親戚。

パパくまさん ♂

我が家最大サイズで、常に部屋で仁王立ち。160cmくらいかな？

ふかふかくん ♂

生まれも育ちも日本。普段カールトンのお膝に座るあまえんぼう。

クリス ♂

去年のXmasに。毎年12月だけサンタの服を着るのがルール。

フランツくん ♂

ぽっこりおなかがかわいい。3年前、素敵なXmasディナーの後に。

エルル ♂

我が家にはエルルの親戚がなんと5人。カラダがやわらか〜い。

カールトン ♂

祖父の愛用ソファに座る重鎮。夫との初Xmasにやって来た。

ピース ♂

愛称肉まん。頭の壁掛けを持ってたけど体付きがあったなんて！

and more…

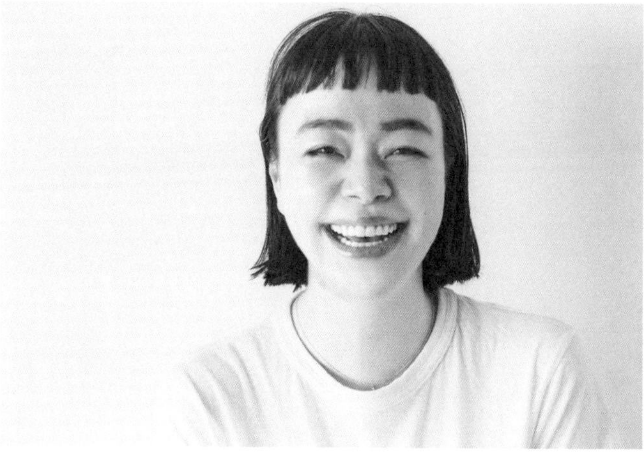

シンプルな暮らしのはなし

人それぞれ心地よさのバランスは違っていて、ゆったりしているほうがいい人もいるし、忙しくパワフルに過ごしたい人もいるけれど、わたしは両方かな？　毎日忙しくお仕事することがすごく好きで、好きなことをしているからこそ忙しくても心が整う。逆に、忙しいからこそ休みの日にしろくまとゴロゴロすることも最高に心地いい。

家の中では好きなものばかりに囲まれて過ごしている。インテリアに特別こだわっているわけではないけれど、気分よく過ごしたいと思っているうちにいつの間にかしろくまに合うような白い雑貨や家具を選ぶようになっていた。

基本的にわたしは、物は少ないほうが居心地がいいみたいだ。本当に必要なものだけで、出来るだけシンプルに暮らしたいと思っている。なぜなら、部屋を見渡した時に余白があると、心にも余白が生まれるから（しろくまは白いから余白の一部扱い。だから、増えてもいいことにしている）。

朝目覚めてリビングへ行き、晴れているか確認して窓を開ける。風と光がふわっと部屋に入り込んでくると、もうそれだけで大抵はご機嫌になれる単純なわたしなのだ。

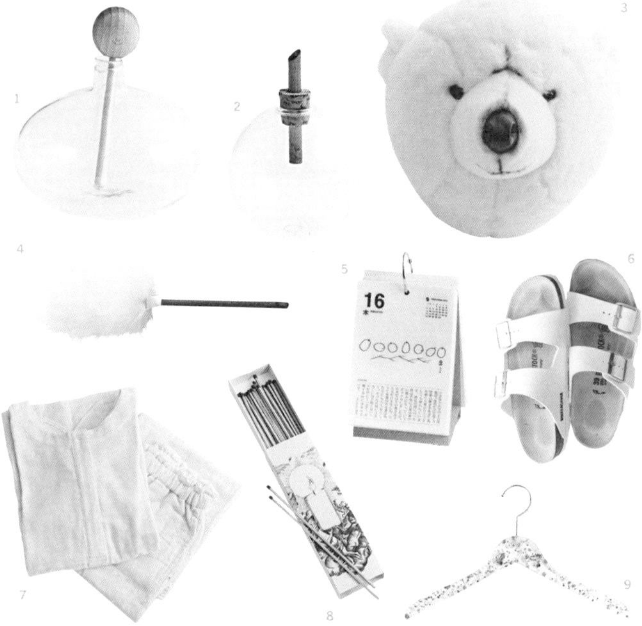

1. 〈HARIO〉のアロマディフューザー。好きなアロマオイルやフレグランスを入れて、リビングに置いている。 **2.** ころんと丸いフォルムの〈Fine Little Day〉の一輪挿し。 **3.** しろくまの壁掛けは、実はツインズ。お互いに見つめ合うように、向かい合わせで部屋の壁に掛けてある。 **4.** ハウスキーピングには不可欠なふわふわのハタキ。 **5.** めくるたびに美味しいものとの出合いがかならずある、〈味の手帖〉の日めくりカレンダー。つい読み込んでしまうことも。 **6.** ルームシューズは、〈ビルケンシュトック〉の白サンダル。脱ぎ履きがラクチンで滑りにくい。 **7.** 家にいる時は着心地と肌触りを重視。なかよしのスタイリスト轟木節子氏が〈Kaimin Labo〉とコラボレートした、ふんわりあったか『雲ごこちガーゼ』のパジャマ。同シリーズのガウンも愛用中。 **8.** 夫の海外土産の、とにかく長ーいマッチ。 **9.**〈ANREALAGE〉のクリア

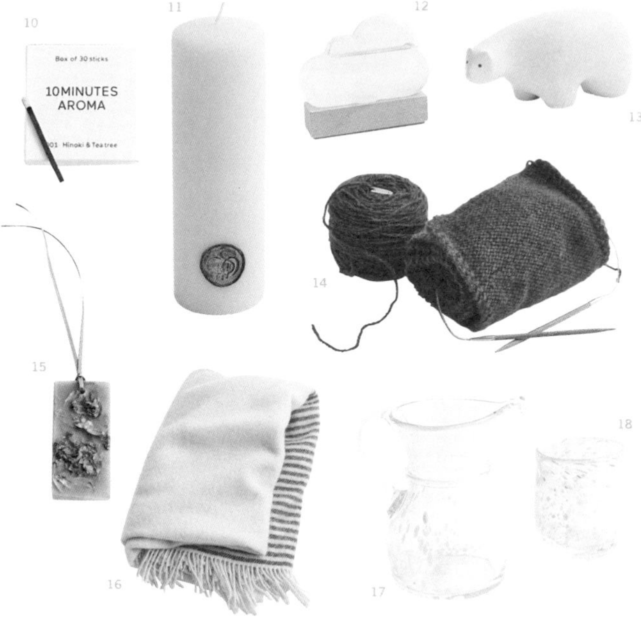

ハンガー。中にはカラフルなドライフラワーがいっぱい。 **10.** 〈ARTS & SCIENCE〉の『10minutes aroma』。10分間だけ香りを楽しめて手軽。 **11.** 〈サンタ・マリア・ノヴェッラ〉のフレグランスキャンドル。付けているだけで心がゆるっとほぐれる。リラックスタイムに。 **12.** 結晶の変化で天気を読むことが出来るストームグラス。 **13.** しろくまの置物は、友人からのバースディプレゼント。 **14.** 昨年から編みはじめたのに、なかなか進まない編み物。なんとか今年こそ！ **15.** 〈サンタ・マリア・ノヴェッラ〉の『タボレッタ』。吊るしておくだけで、クローゼットの中の洋服がいい香りに。 **16.** 軽くてやわらかな〈Silkeborg〉のブランケット。ベッドに一枚かけるだけであったかい。 **17.** 母からもらったガラスのウォーターピッチャー。 **18.** 17のピッチャーと一緒に使えるように、柄を似せて吹きガラスで作ったグラス。

2

1

1. 海外で夫が買ってきてくれた、アンティークのしろくまの絵。普段、玄関の棚の上に飾ってある。 **2.** 実はしろくまが刻印されているガラス瓶。自宅には、同じものが3つ。仕事で訪れた横浜のアンティークショップで見付けたもの。 **3.** しろくまコレクションのスノードームは全部で5つぐらいあって、こちらはわりと初期のもの。ドームの中ではしろくまがスキーをしている。 **4.** 厚紙で出来たトイカメラ『Paper Shoot』を、自分でしろくま仕様にカスタマイズ。

4

3

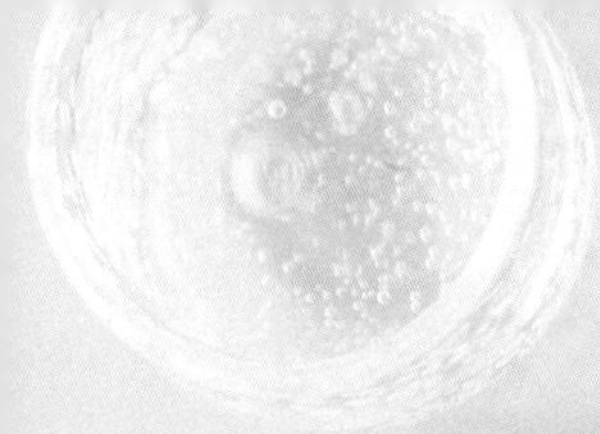

1

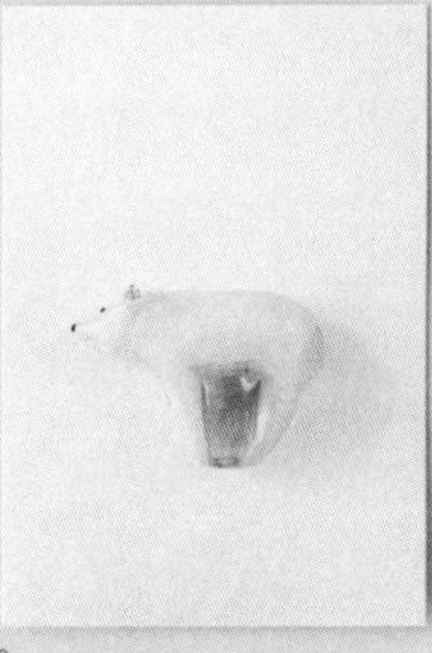

2

4

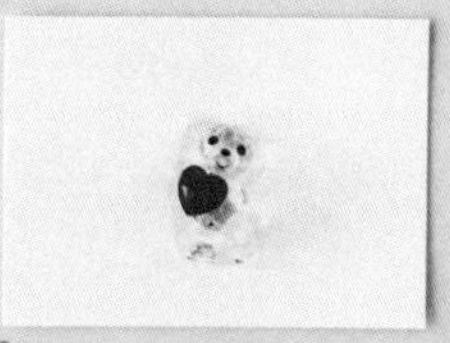

3

1. 本棚に並んでいるしろくまの本の一部。しろさめ氏の描く漫画『やさしいしろくま』『しろくまにっき』の、切なくてあったかい世界観に癒されている。 **2.** しっかりとした重さがあるペーパーウェイト。普段は玄関に。 **3.** コレクションの中で特別な存在感を放っているきらきら系しろくま。〈SWAROVSKI〉の国、オーストリアのお土産。 **4.** 大小２種類あるディスペンサー。こちらの小サイズにはハンドソープを、大サイズにはボディソープを入れて使っている。

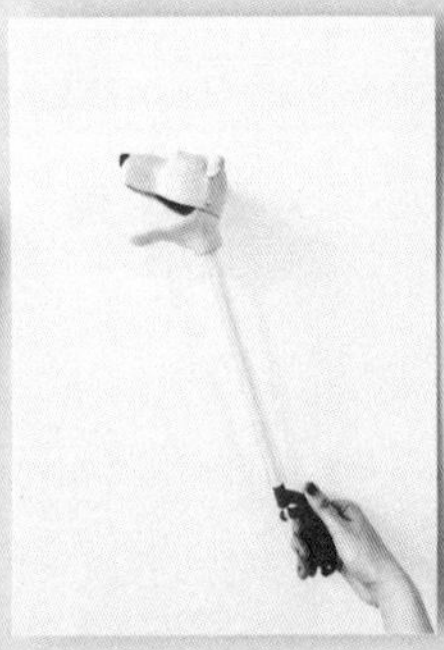

2

1

1. 作家さんにオーダーをして作ってもらった木彫りのしろくま。夫からのクリスマスの贈り物。**2.** こちらも夫から。旅行で行った先の地球の北の果て、スピッツベルゲン島から送ってくれたのは、ダンボール箱いっぱいのしろくまグッズ。マジックハンドは、その中に入っていたもののひとつ。 **3.** お出掛け先で見付けてどんどん増えていくポストカード。コレクターだけど、使わないと意味ないと思うタイプだから、ひと言何か書き添えたい時など、普通に使っている。

3

普段着の選び方のはなし

わたしの田舎は、服を買う場所が多くない。おしゃれ熱が高まる学生時代には、車で小一時間ほどのしまむらやイオンに行っては、服を漁ったものだ。そんな風に、都会に比べると着たい洋服が簡単に手に入る状況じゃなかったからこそ、たくさん試行錯誤して、ファッションを好きになったのかもしれないな、と思う。

おしゃれの制限が多い分、自分に何が似合うか、どう着ればおしゃれに見えるのかたくさん研究することを覚えた。憧れの雑誌に載っている服にときめいて、違うけど少し似ている洋服を探し続けたことも、今となってはなんだか微笑ましい記憶。

大人になった今、大都会・東京のど真ん中に住んで、欲しいものはすぐ手に入る。だけど、環境は変わっても昔の熱意は忘れないように、自分の好きなものをしっかり選択して手に取りたい。自分の力になる服、好きな人が作った服、ひと目惚れした服。理由のある服を着るのが、わたしは好き。

毎朝服を選ぶ時に大切にしているのは、誰と会ってどこに行くかということ。あのお店は靴を脱ぐから可愛い靴下を履こうとか、少しかしこまった場所へは肌が出過ぎないようにちょっと上品なものをとか、友達と遊ぶ日はスニーカーにリュックでとことんカジュアルにしてみたり。TPO を気にしてファッションを選ぶことは、なかなか好きな作業。

あとは、誰に会うかも重要だ。相手と関係しているものを身に付けたり、その人が好きなモチーフのものを選んでみたり。自分が着たいものだけではなくて、相手のことを想った服選びも、話に花が咲いて楽しい一日になるスパイスだったりする。

テイストそのままの直球勝負はせず、ミックスさせることが多い。全身同じトーンでまとめるクセは、「おしゃれは3色まで」というお母さんの教えが根付いているから。

STEPS

服選びは、履きたい靴、履きたい靴下を考えて、足元から決めることがほとんど。ルーティン好きのKanocoさん、毎日の足元スナップも楽しみのひとつ。

キラキラの靴に戸惑ったはなし

足元のおしゃれはわたしにとって大切で、シンプルな洋服の時のよいアクセントになってくれる。そして、去年あたりから、わたしの中でシースルーの靴下ブームが巻き起こっていて、ロング丈のファッションに風を吹き込んでくれている。

もちろん靴も大好きで、覚えている限りはじめて「この靴が欲しい！」と思ったのは、小学生の頃。真っ白な少し厚底の〈スケッチャーズ〉のスニーカー。ブランドロゴのＳマークがキラキラしていて、それを見たわたしの目もさぞキラキラしていたことだろうと思う。さっそく両親に頼み込んで、いつもより背伸びしたスニーカーを手に入れたものの、いざ学校へ履いていこうとしたら、お店で見たそのキラキラは日常生活ではよりキラキラして見えて、その派手さに戸惑ったのを覚えている。あんなに気に入って手に入れたのに、人目を気にしてどうしても履く勇気が出なかった。真っ白なスニーカーは、休みの日に少しだけ履いて、真っ白なままサイズが合わなくなってしまった。

困ったことに、今も小心者にも関わらず大胆なものを選ぶ癖がある。何度かの失敗を繰り返してきた結果、大きな選択ミスはしなくなったけど、やっぱり時どき浮かれたものを手にしてしまう。

だけど、今こそお蔵入りになってしまったものに再挑戦するのもいいかもしれない。靴箱に眠っている、浮かれたピンク色のバレエシューズともそろそろ向き合ってみよう。今なら何か自分らしい履きこなし方が、きっと見付かるはず。

STEPS

ワンピースが好きなはなし

ワンピースを好きになったのは、いつからだろう。

思い返すと、古着に心を奪われた19歳頃だったように思う。それまでいわゆるギャルだったわたしが、はじめて古着屋さんの扉を開いた時に、カラダがカーッと熱くなるほど興奮したことを今も覚えている。その時はまだ古着の知識も乏しくて、「よく分からないけれどとにかくここにある何かを身に付けたい！」と思って、店にあった真っ黒のヴィンテージバッグを買った。その頃はまだまだ絶賛ギャル進行中で、体のラインが分かるようなミニワンピースに、バッグを合わせてみたりしていた。

いつの間にか古着屋さんとも顔見知りになり、その黒いバッグは自然とレトロな洋服に合わせるようになっていった。薄暗い古着屋さんの店内に並ぶレトロなワンピースたちは、照明も相まって舞台でスポットライトを浴びているように美しく、それまで選ばなかった丈の長いものや丸襟、パフスリーブのワンピースたちが一気にクローゼットに増えていったのだった。

わたしのワンピース好きのはじまりは、19歳だったあの頃にある。

透け感のある白に、あえて黒の服をイン。マキシ丈の裾から、パンツのドット柄を
覗かせるのが定番。〈LABO.ART〉のワンピースは、黒も色違いで持っているそう。

詰まった首元＆マキシ丈が好みだけど、条件を満たす古着で出合えることは稀。
襟ぐりをもっと狭めたい時は、中にTシャツを入れて、イメージに近付けることも。

旦那さんが誕生日にプレゼントしてくれたもの。一見花柄のワンピースだけど、
目を凝らすとKanocoさん家のしろくまたちが一匹ずつ丁寧に刺繍されている。

SHIROKUMA DATA_ティンくん ››› P017

スタイリストの轟木節子氏が、撮影の際持ってきてくれたオールインワンにひと目惚れ。着こなしについてのアドバイスを受け、真っ赤なバッグを効かせて。

SHIROKUMA DATA_とんちゃん ››› P016

つながった服も好きなはなし

ワンピースも好きだけど、サロペット、オーバーオール、つなぎも好き。今でこそ上下つながったアイテムが好きだけど、実はわたしはこういった服を昔から好んで着ていたわけではない。

モデルをはじめた頃は、いわゆるモデルらしい服装を好んでいた。好んでいたというより、モデルはそういう服を着なくてはいけないと思い込んでいた、と言ったほうが正しいのかも。海外のモデルさんのスナップをマネて、〈ドクターマーチン〉のシューズに、スタイルがよく見えるような黒いスキニーパンツをインして履いて、さらにレザージャケットを羽織ったりしていた。

モデルの仕事でいろんな洋服を着るようになってからというもの、わたしの中にひとつしかなかったモデル像は徐々に変化が起こったように思う。撮影でサロペットなどを着る機会が増え、いつからかしっくりと馴染んで、そのままの自分でいられるアイテムになっていた。体の大半を覆ってくれている安心感もあって、着ていると一日中平常心を保てる。オンもオフも関係なく、がんばらない自分でいられる。今では、着ていて最高に心地いいと感じる服だ。

わたし的三種の神器のはなし

　アクセサリーや帽子といった小物は、シンプルがモットーのわたしの日常着には必要不可欠。無地のTシャツやワンピース、ボーダーカットソーやデニムに何かひとつ足すだけで、ガラリと印象が変わって、たちまち自分らしさが生まれる。アクセサリーは、わたしにとってそういう特別な存在なのだ。

　特に、わたしのテッパンとも言えるのが、ベレー帽、黒縁メガネ、パールのイヤリングの3つ。といっても、最初から定番にしようと決めていたわけではない。手に取る回数が多くて、なんとなく自分にしっくりきたものたちが集まって自然と出来上がったスタイル。好きになったらとことん愛してしまう性格のわたしは（しろくまも、そう）、今やこの三種の神器を溺愛し、年中身に付けている。

　ベレー帽は季節ごとに素材を変えて、夏場はリネンの涼しいものを、冬場はウールの暖かいものをかぶる。メガネは黒縁に限らずいろんな形や色を集めている。パールのイヤリングは夫からの贈り物を愛用していて、これだけは無条件に大切なひとつ。パールの力は偉大で、耳に付けると少しシャンと背筋が伸びるような気持ちになれる。大切な記念日やここぞという勝負時には力をもらえる、わたしのラッキーアイテムだ。

キラキラのジュエリーを身に付ける時も、等身大の自分で。いつの間にか日々の暮らしに馴染んで、なくてはならない存在になっていたりするものなのだとか。

いくつか持っている付け襟のなかで、もっとも愛用しているのが〈Keisuke Kanda〉のもの。シンプルな着こなしもぐっと華やかになって重宝。

1

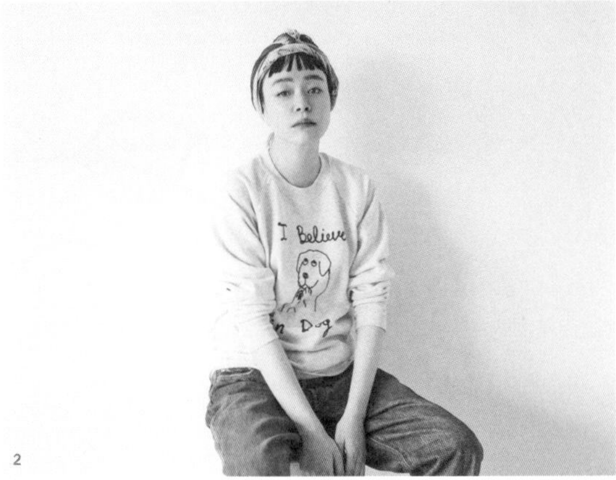

2

1. レディなスタイルの日の、フランスのブランド〈ANNE ET VALENTIN〉のメガネ。フレームの両サイドがキュッと上がっていてほどよくレトロ。

2. 大小合わせて20～30枚ほど所有しているスカーフ。頭に巻くことが多く、大判サイズでなくても何枚かつないで結び、巻いてしまうのだと言う。

ACCESSORIES

1. 〈unfil〉のベレー帽。暑い季節にぴったりのコットン素材。 **2.** 〈minä perhonen〉のカンカン帽。繊細な仕事を感じられるし、かぶるだけでおめかし感が出る。 **3.** つぶらな瞳に癒されるしろくまリング。 **4.** ガラスのリング。シンプルで毎日使いしても飽きがこない。 **5.** ひと粒ダイヤのピンキーリングは〈shuó〉のもの。夫からのプレゼント。 **6.** 誕生石のアメジストが神秘的に輝くリング。 **7.** 夫のブランド〈ANEVER〉の、本物のドライフラワー入りクリアブレスレット。 **8.** フランスのニースを訪れた時に買ったブレスレット。 **9.** スタイルを選ばずに掛けられる。UVを99%カットしてくれる。 **10.** 〈ANNE ET VALENTIN〉のメガネ。クラシカルな雰囲気で、ブルー系の服を着た時に付けることが多い。 **11.** ひと目見た瞬間にハートを撃ち抜かれた〈SIRI SIRI〉のイヤリング。 **12.** ヘビーローテーションで付けている、耳元にクリア

な光を呼ぶ、氷みたいなイヤリング。**13.** ミモザのイヤリングは、アクセサリー作家の中村なづき氏の作品。購入した日がミモザの日だったなんて、運命！ **14.** いただきもの。ハンドクラフトならではのぬくもり感で、カジュアルなスウェットに合わせたり。**15.** ウォームワーククリエイターのくげなつみ氏製作のニット付け襟。**16.** 30歳の誕生日に夫から。ヴィンテージの〈ROLEX〉の腕時計はずっと欲しかったもので、とても大切に使っている。**17.** 海外旅行に行った時に撮ったお気に入りの写真をプリントした大判スカーフ。美味しかった朝ごはんと、レストランの天井の写真。**18.** 繊細ビーズが連なった〈semeno〉のネックレス。**19.**〈shuó〉のネックレス。小粒のダイヤモンドが控えめ。**20.** キットで手作りした真珠ネックレス。デイリーに使える小ぶりなパールで、ボーダー柄のトップスによく合わせている。

しあわせな靴下のはなし

「靴下が似合うね」と言われたことがある。靴下に似合う似合わないがあるのかと不思議に思ったけど、似合うと言われたらなんだか嬉しい。

たくさん持っている靴下の中でも、一番多くを占めるのは〈Ponte de pie!（ポンテ デ ピエ）〉の靴下だ。『ほぼ日』の撮影がキッカケで出合った。奈良で作られているというその靴下は、本当に履き心地がいい。夏用のものには、シャリッとするよう和紙繊維が入っていて、涼しくて丈夫。ベーシックカラーから効き色になるようなものまで色も豊富だし、くるぶしから膝丈のものまで丈感もさまざま。リブの具合も好きで、どんな靴に合わせてもしっくりくる。数年に渡り〈Ponte de pie!〉の撮影をさせていただき、靴下の可能性は無限大なのだな、と毎回そう思う。靴下の色や、素材、丈、リブを変えるだけで、洋服の着方が無限に広がる。ひと言で白の靴下と言っても、真っ白か少し生成りかで印象は変わってくるし、細いリブと太いリブでも大きく異なる。鏡の前でどの靴下を合わせるか悩んで数十分……なんてことも時どきある。言葉で説明するのは難しいけど、なんとなく自分が好きなしっくりバランスがあるようだ。洋服は着ていると、全身の姿は自分からは見えないけど、足元はいつだって自分から見えるおしゃれポイント。歩いている時に下を見てフフッと嬉しくなるような足元で、毎日を楽しみたい。

こちらも、何度もリピートしている〈ORGANIC THREADS〉のパックソックス。肌触り、ルックスはもちろん、汚れたらすぐ替えられる手軽さも最高。

一張羅のTシャツでドヤ顔のはなし

　ワンピースやサロペット以外に、わたしのワードローブで幅を利かせているアイテムのひとつに、古着のTシャツがある。古着屋を巡っていて、なかなか出合えない個性的なものを見付けると、もうノックアウト確実で、必ず手に取ってしまう。

　特に、少しクセのあるデザインには目がなく、ツッコミ待ちですと言わんばかりのTシャツを探し出すのが得意だ。某ゲーム会社や、某インターネット会社のデザインなんかも大好物で、一張羅に身を包んで出掛けた先で「あれ？　珍しいの着てるね」なんて言われた日には、ドヤ顔で「お気に入りなんです（キリッ）」と答えたりする。

　きっと元は明るかったであろう色が色褪せてくすんだ感じも、なんともいえないクタッとした生地感も、たまらなく愛おしい。気に入ったデザインだと、少しくらい状態がよくなくてもあまり気にしないけれど、そういう服を着る時はなるべく上品なものを合わせるようにしている。例えば、穴の空いたTシャツには、つるんとしたパールのイヤリングを合わせるのも、アンバランスで好きだったりする。

1. ゆるっと着られるメンズサイズ。胸と背中のプリント「I Don't Need Google My Wife Knows Everything」のメッセージもウィットが効いてる！

1

2
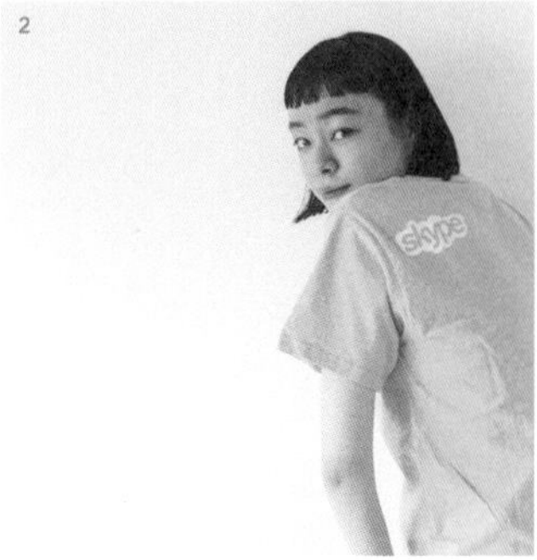

3

4

2. 信頼してヘアをお願いしているサロン、LIMの原氏と、こまめに古着の情報交換。その甲斐あって、大阪の古着屋さんで手に入れたSkype T。

3. ミリタリーものの古着も好きで、よくチェックしている。このボーダーTシャツは、すっきりとしたシルエットと、着まわしやすいミニマムさが魅力。

4. どこで買ったのか覚えていないほど、かなり昔から愛用。チープなピンクのロゴがたまらなく好きで、くたびれて穴が空いても構わず着続けている。

1

2

1. 円山動物園で買ったTシャツ。色褪せたような浅いネイビーがツボ。 **2.** 服飾デザイナーである夫から。わたしのために作った服にだけ付くLOVE TAG付き。かなり温かく、しろくまのカールトン寄りの触り心地。 **3.** 革紐ネックレス。写真家の丹葉暁弥氏からいただいたもの。 **4.** コラボ服考案のためにお店に足を運んだら、偶然出合った〈MAY/FOOL〉のTシャツ。 **5.** 左は美容師の原氏からのプレゼント、右はテキスタイルデザイナーの鈴木マサル氏のソックス。

5

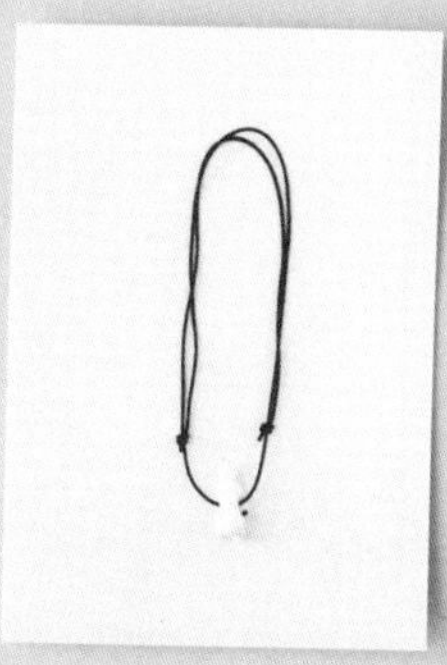

3

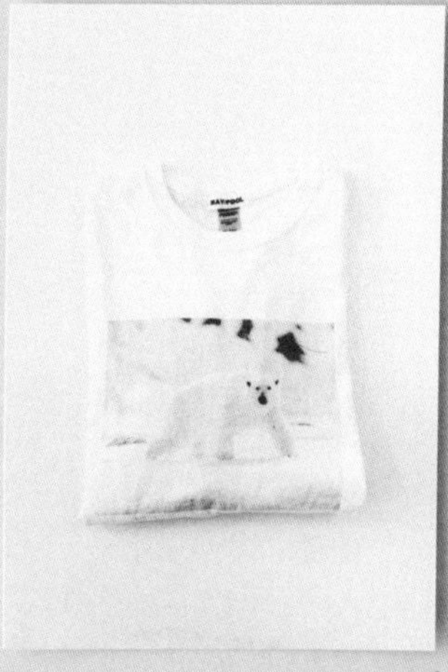

4

FASHION

5

1. 〈Keisuke Kanda〉のしろくま手刺しのアランセーター。同ブランドのしろくまスカジャンも持っている。 **2.** 千駄ヶ谷〈CONTE-NU〉で買ったゴブラン織りの巾着バッグ。レトロで可愛い。 **3.** こちらも〈CONTE-NU〉のもの。しろくま刺繍のキャップはベージュの他、黒、白の3色を、その日の服に合わせて。 **4.** 夫からもらった、スピッツベルゲン島のお土産。北極圏の漁師が着るセーターだから保温性はバツグン。 **5.** ブローチコレクションの多くは、夫や友人からの贈り物。フォーマルから普段使いのものまで、用途もシーンもいろいろ。

黒いワンピースとROCKなオルゴールのはなし

「一番好きな色は？」と聞かれたら、黒と答える。白も青もピンクも大好きな色だけれど、いつもほんの少しだけ、黒がリードしている。だから、わたしのクローゼットの大部分は、黒のワンピースで埋め尽くされている。

黒が好きになったのは大人になってからと思っていたけど、最近ふと思い出した。小学生の頃、オルゴールを作る授業があった。好きな曲を選んで、外側には各自思い思いにデザインをするよう、指導を受けた。まわりの女の子たちはきれいなお花や可愛らしい動物を描いたりしている中で、わたしはそのオルゴールを真っ黒の絵の具で塗りつぶし、彫刻刀でＲＯＣＫと彫った。さらに、その文字を白の絵の具で塗った。フタを開けると、浜崎あゆみさんの『M』が静かに流れた。同級生のオルゴールと並んで展示されたわたしの黒いオルゴールは明らかに浮いていたし、今思うと反抗期だったのかと思うほどだ。それでも、完成したオルゴールを気に入っていたことを、今でも明確に覚えている。ネジを巻いては、何度も『M』を聴き続けた。きっとこの頃から無意識に、黒がもつ魅力に惹きつけられていたのだと思う。

その後、黒好きに拍車がかかったのは20歳になる前のこと。すごくなかよしの子がいつも黒ばかり着ていた。いつもステキな魅力を放っていて、それがわたしには新鮮だった。彼女と一緒に古着屋さんで黒い服を漁っては、ふたりとも黒一色の格好をして夜遅くまで遊んだりした。それは、大切な青春の記憶のカケラだ。だから、黒は落ち着く色でもあるけれど、胸をじんと熱くする思い出の色でもある。

クローゼットにきれいに収められたワンピースは、その8割が黒。残りの2割も、
青と白に占められている。マキシ丈にこだわりが強くて、身丈130cmが基準値。

かの・この・赤のはなし

　はじめて撮影で赤い口紅を塗ってもらった日のことは今でもよく覚えている。恥ずかしながら、鏡に映る自分を見て素敵だと思ってしまったのだ。ずっと見てきた自分の顔が、口紅ひとつでこんなにも変わるとは思ってもみなかった。赤い口紅にひと目惚れした瞬間だった。

　その頃からかばんには〈Dior〉の『カフェ ド パリ』というお気に入りの一本を入れている。やっぱり好きになるととことん気質のわたしは、その色を何年も何本も使い続けていた。『カフェ ド パリ』というネーミングもロマンチックで好きだった。赤い口紅は自分に自信を与えてくれる存在になっていて、塗るといつだって少し強くなれる気がした。大好きな黒をまとい、赤い口紅を塗ることで、なりたい自分になることが出来た。黒以外のたくさんの色を着て、ピンクやオレンジのメイクをすることも大好きだけど、いつだって自分らしくいられるのは黒と赤をまとった時だった。

　ある日、ポーチの中で残り少なくなった『カフェ ド パリ』を今年もまた新調しようとお店に行くと、まさかの知らせ。あんなに大好きだった口紅が廃盤になっていた。わたしは大切な相棒を失ったような喪失感を覚えて、なかなかお店から出られずにいた。在庫はないか。他店舗に奇跡的に残ってないか。あーだこーだ聞くしつこいお客さんになっていた。粘ったものの申し訳なくなり、諦めて似たような赤を探すことにした。たくさんの色を見せてもらった結果、似ているようで少し違う赤を見付け、今は新しい相棒と新たな日々を送っている。『カフェ ド パリ』よりも、少し軽い新しい赤。この赤を手に取ったことにもきっと意味がある。今日も赤い口紅を塗って、気持ち、軽やかに。

黒のワンピースに赤リップがスタンダードだったけれど、昨今のマスク生活で、カラーマスカラやライナーなど、目元をポイントにすることも増えてきたと言う。

SHIROKUMA DATA_ケーセンくん

これからも気持ちを切り替えたり、気合いを入れたくなったら、再びヘアスタイルを大きく変える可能性が。今はベリーショート熱が日に日に高まっているそう。

黒髪パッツンで気合いを入れたはなし

わたしはギャルだった頃、ロングヘアにメッシュのエクステを付けてくるくると巻き髪にし、後頭部に逆毛を立てて蜂の巣のように盛るのが定番だった。ヘアスタイリング剤のケープと、小さなコテは常にかばんに入れて持ち歩くほど巻き髪命で、髪型を崩しにかかってくる風と常に戦っていた。

その後、ギャルをやめたわたしはショートヘアにし、ヘアサロンのモデルをして2週間に一度のペースで髪色を変えた。赤、青、緑、オレンジ、やってない色はないんじゃないかと思う。ちょうどその頃、東京でモデルになりたいという気持ちがふつふつと湧き上がっていた。何をすればいいかも分からず、でも何か変えたいと思い、当時憧れていたモデルさんの髪型をマネすることにした。明るかった髪色は黒に戻し、前髪をまっすぐに切って、ショートボブにした（ギャルの時に抜き続けた細すぎる眉毛も、どうにか元通りになった）。

気合いの黒髪パッツンで上京したあの時から、マイナーチェンジはあるものの、黒髪パッツンひとすじ。潔いカットラインと、揺るぎない黒髪は、モデルになると決めたあの頃の決意の表れだ。

低い位置で結ぶ。ヘアアクセサリーには頼らず、使うのはゴム一本。後れ毛でニュアンスを付けるよりも、潔くまとめて背筋が伸びるようなスタイルを好む。

着こなしに合わせてパツッとしたカットラインをボカしたい日は、スタイリングで質感を変える。ウェットな毛束をラフに散らして、カジュアルに、大人っぽく。

前髪の乱れは心の乱れのはなし

昔、「服装の乱れは心の乱れ」なんてよく言われてたっけ。でもわたしは、昔から服装の乱れよりも前髪の乱れの方が気になっていた。

学生の頃は、前髪がうまく決まらないと家を出られず、よく遅刻していた。そんな気がかりな存在の前髪と、今では結構なかよくなり、心を整えるための材料にさえなっている。

前髪のカットは、基本的にセルフ。本当のことを言うと美容師さんに切ってもらいたいけど、前髪だけ1週間に一度切りに行くのは案外難しい。それでも少し伸びるだけで気になるせっかち屋のわたしは、いつからか自分で前髪を切るようになっていた。もちろんプロに切ってもらった時の爽快感とはまるで違うけれど。

自分の思い描いた通りに、真っ直ぐハサミを横に動かし、歪みなく一直線になったら、静かに心の中で一礼。神聖な儀式のようなこの前髪カットの時間は、何かスッキリしない時や、何かキマらないな、なんて時に行うと効果覿面、一瞬で気分爽快になれる。自分と向き合い、前髪だけでなく自分の何かを変える作業は、いつだって新しい自分に出会える大切な時間なのだ。

1

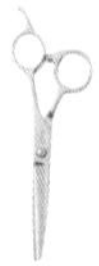
2

3

1. 両サイドで目が異なる〈MASON PEARSON〉の『スタイリングコーム』。丹念に梳いて、前髪のクセや歪みをまっすぐに正す。 **2.** 100均のハサミを長らく愛用していたが、さらなるクオリティを求めて東急ハンズで購入。￥3,500ぐらい。 **3.** アンティークの鏡。ここ一番の時にグニョッとなることもあるが、ルックスに惚れ込んで愛用。

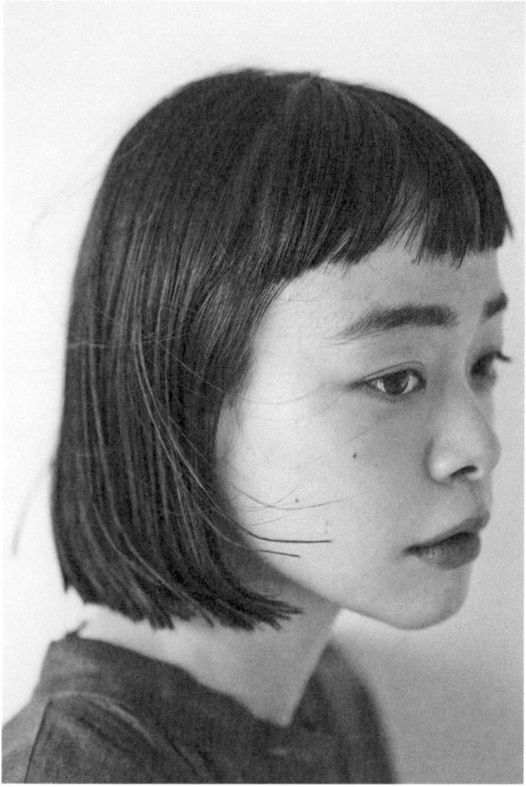

コンプレックスが個性になったはなし

わたしにはいくつかコンプレックスがある。首が短いとか、鼻が低いとか、おでこが広すぎるとか、声が低いとか、せっかちだとか、人見知りだとか。挙げはじめたらキリがないコンプレックスも、いいのいいの、個性なんだから！　と思えるようになるまでには随分と時間がかかったし、まだまだそう思えないところもたくさんあるから、きっと今もコンプレックスとの折り合いをつけている真っ最中なのだと思う。

その中でも広すぎるおでこの悩みは、明確にコンプレックスじゃなくなった瞬間がある。ある日の撮影での出来事。ヘアメイクさんが、それまではパンドラの箱レベルの扱いだったパッツン前髪の下を全開にし、ハードジェルでギュンギュンにオールバックにした。戸惑いと、恥ずかしさと、少しの怒りが入り混じって、自分の顔を鏡で見られなかった。ヘアメイクが完成して、いよいよカメラ前に立つ。当時はまだフィルムカメラでの撮影が多くて、あの重厚なガシャン！　というシャッター音が響くたびに、魂が吸い込まれているんじゃないかと思うほど放心していた。フィルム写真はその場では見られないため、確認用にポラロイド写真を撮る。恐る恐る机に置かれた一枚のポラを覗き込むと、そこには今まで出会ったことのない自分がいて、気になっていたおでこがなんともステキな感じで写っていた。

あの日、あの瞬間に、わたしのおでこはコンプレックスから個性に変わった。その時のポラはお願いして持ち帰り、今でも大切に宝箱にしまってある。

1. 〈HERMÈS〉のリップカラー。姉からの誕生日プレゼント。**2.** 〈DIOR〉の849番『ルージュ シネマ サテン』。新しく出合った赤。 **3.** いつからか分からないほどずっと使い続けている、〈マナラ化粧品〉の『マナラ ホットクレンジングゲル』。**4.** 〈cado cuaura〉のドライヤーは、スタイリッシュな見た目に惚れ込んで。 **5.** こちらも何度もリピート。赤みを抑えてくれて透明感が出る、〈ÍPSA〉の『コントロールベイス（ブルー）』。 **6.** 〈サンタ・マリア・ノヴェッラ〉のバスソルトは、湯船にパラパラと少し入れるだけで、浴室が香りで満たされる。 **7.**ヘアメイク草場妙子氏のこだわりが詰まった〈OSAJI〉のスタイリング剤。オイルでもワックスでもない付け心地が新しく、好みの髪質になれる。 **8.** 〈FIVEISM×THREE〉のパウダーはメンズ向けで薄付き。シンプルな肌になれる。 **9.** 寒い季節に欠かせないニットのパンツ。

10. あったか過ぎて手放せない〈ARTS & SCIENCE〉のルームシューズ。 **11.** 〈Herbivore Botanicals〉の『フェイスオイル（ラピス）』。見たことのない色に驚いたけれど、鎮静効果の驚きはそれ以上。 **12.** 〈CHANEL〉のネイル。『Melody』というネーミングも謎だけど惹かれる。 **13.** 絶妙な発色で登場率が高い、〈OSAJI〉のネイルカラー『Daen』。 **14.** 〈OSAJI〉のアイカラー『Omokage』は、一番よく使う色。

15. 美味しくて見た目も可愛い、〈ecostore〉のトゥースペースト。 **16.** 〈KOIVE〉の白樺樹液のフェイスマスクシート。「若返ったね」という夫からのひと言で、スキンケア一式を一気に購入。 **17.** 本当によくうるおう、〈キュレル〉のリップバーム。これで5つ目。 **18.** 長年お世話になっているヘアサロン〈LIM〉のヘアウォッシュ。ヘルシーな髪になれる。 **19.** 〈FIVEISM × THREE〉のアイブロウ。さり気ない眉に。

体重計とデトックスキャベツのはなし

わたしは比較的よく食べる方で、自分よりよく食べる女性にはあまり出会ったことがない。しかし、当たり前だけど、好きなものを好きなだけ食べていたのでは、容易に太ってしまう。一応職業はモデル、体型維持も仕事のうちだ。毎日体重を測るのがわたしの日課で、少しでも増えていたら、その日少しだけ気を付けるようにしている。これを続けることで、モデルになってからの10年以上の間、大きな体重の変化に悩まされることなくキープ出来ている。

それでも時どき、どうにもならない日がある。どうにもこうにもスッキリしない日は、食事を抜いてみたり、豆腐ばかり食べてみたり、いろいろと試行錯誤を繰り返してきた。そしてついに見付けた、自分の身体に合ったデトックス食材キャベツ様!! 人それぞれ合うものは違うと思うけど、わたしにとってはなくなって困る食材だ。

無水鍋に、ザクザクと切ったキャベツを入るだけ詰め込む。大食いのわたしは半玉くらいはぺろりと平らげてしまって、毎回おかわりしてしまう。大きなお皿に蒸されたキャベツたちをドン！　ドン！　と豪快に盛ったら、シンプルにオリーブオイルと塩胡椒を振って、ナイフとフォークでいただく。これが本当に美味しい。デトックスのためもあるが、単純に食べたくてよく作ってしまう。豚バラ肉を間に挟んで、ポン酢なんかでいただくと晩御飯のおかずにもなる。この量のキャベツを食べた次の日は、決まって調子がいい。そう、おなかの調子がとてもいい。そんなキャベツデトックスをしながら、わたしはこれからも毎日体重計に乗り続ける。

デトックスキャベツ

材料

キャベツ	1玉
オリーブオイル	適量
塩、こしょう	各適量

作り方

1. キャベツは４つ割りにする。無水鍋に水1/2カップとキャベツを入れ、ふたをして中火にかける。沸騰したら弱火にして約15 ～ 20分加熱する。
2. 器に盛りオリーブオイル、塩、こしょうでいただく。

ABOUT ME

大事な日課のはなし

　繰り返しになるが、わたしはやりはじめるとやめられない性格だ。モデルになる前からやっているブログは今も健在で、SNS もひと通りやり続けている。毎日のルーティンを続ける中で、特別なのは手帳に記す作業。

　昔から書くことは好きだったけど、日課になったのは『ほぼ日手帳』と出合ってから。『ほぼ日手帳』の撮影で知ったその手帳は、見れば見るほど魅力的で、毎年キャラものを使っていたわたしには、大人の階段を上がるような気持ちだった。

　わたしにとって手帳に記すことは、自分自身との会話。それゆえに、もし自分が突然死んでしまったらこの恥ずかしい手帳を誰かに見られるかもしれないという恐怖が常にあった。そのため、一年かけて書き終えたら、その一冊とは毎回サヨナラしていた。人に見せるための言葉を綴るものでも、思い出を記録するものでもなく、頭の中を整理するための日記だったから、サヨナラすることに躊躇はなかった。それでも続けていくと、やっぱりもったいないな、なんて感情も沸き出てきた。そう感じた年から残すことにした。鍵のついた金庫にでも入れたいが、ひっそり自分の部屋にしまっている。どんな些細なことでもいい、今日何食べたとか、変な夢を見たとか、何もしなかったとか。なんでもいいからとりあえず毎日書いている（書けない日ももちろんあるけど……）。

　せっかく過ごしている日常を何も思い出せないのは少し寂しい。食べたものやその日の天気でも、何かを記すことでその日を忘れずにいられるような気がする。一日を書き出して、頭を整理し、また新しい明日を迎える。これを続けることがわたしの小さな決めごと。

ABOUT ME

2016

／

- 桜の盆栽を育てはじめる
- 自分でも想像してた以上に盛大な結婚式を挙げる
- 夫が作ってくれたウエディングドレスを着る（毎年、結婚記念日に着て記念撮影している）
- 仕事とプライベートで、沖縄、長野の松本、大分の別府、奈良、京都、いろんなところに行く
- 東山動物園でサスカッチとオーロラに会う

2017

／

- 新年早々、包丁で指を切って大怪我したところ、夫がスーパーマンのように助けてくれる
- オーディションに落ちたり受かったりの日々（相変わらず神社で神頼み）
- 撮影で山に行き、蚊に70カ所以上刺される
- 念願のフィンランド撮影
- はじめて梅干しを漬ける
- 結婚記念日に北海道の円山動物園に行って、デナリ、ララ、リラに会う
- 夫婦ともども好きな桜の木で出来たダイニングテーブルを買う

2018

／

- 年明け、両親とおっきな虹を見付ける
- 人生ではじめてのファスティングをするも、終わってすぐにうどんを食べて台なし
- 〈designsix LONDON〉のコラボがこの年からスタートする
- はじめて行ったドイツのデュッセルドルフで美味しすぎる朝食に出合う
- 真っ青なワンピースを着て、ニースのシャガール美術館に行く
- カンヌでブイヤベースを食べまくる
- 仕事で行ったシンガポールではエンジントラブルでなかなか帰国出来なかった

2019
/

・はじめて夫と暮らした家からの引っ越し
・インフルエンザにかかるも、撮影が入ってなくて不幸中の幸い
・はじめて行った高知県を大好きになる（カツオのたたきや柚子が美味しすぎて忘れられない。牧野植物園も素晴らしくて、2021年のほぼ日手帳は牧野さんの手帳にした）
・母と姉と3人でハワイへ女子旅。美術館に行ったり、公園で寝転んだり、最高の思い出ばかり
・はじめてフリマイベントを開催。たくさんの方が来てくれた。みなさん優しくて、心からしあわせな一日を過ごす
・友だちとの吹きガラス体験でグラスを作る

2020
/

・年明けに大好きなカフェhakusenさんへ行く。いい年のはじまり！
・と思いきや、コロナで世界が変わる
・おうち時間が当たり前になる
・朝昼晩、毎食ご飯を作るようになる
・撮影も減り、ほぼ日手帳にはご飯のことばかり
・本物のしろくまに一度も会いに行けなかった
・ラボットの『みるく』が我が家にやって来る。
・カーテンの隙間から満月が見えたり、太陽の光が部屋に入ってきたり、小さなことがとても嬉しく思えた
・お腹に小さな命が宿る

2021
/

・たくさんのブランドさんとコラボアイテムを作らせていただく
・ベランダでローズマリーやパセリなど、ハーブや植物を育てはじめる
・今までやらなかったお菓子作りに少し挑戦する
・念願だった鉄フライパンを買う
・想像していた以上に増えていく妊娠中の体重管理に苦戦する
・我が子との対面

20 Questions to Ask

Q1.

小さい頃の夢は？

マジシャン

Q2.

子ども時代、どんな子でしたか？

負けず嫌い

Q3.

学生時代の部活は何だった？

ソフトテニス部
ものすごく日焼けしたなぁ

Q4.

初恋は何歳？ どんな人？

保育園の時
どんぐりをくれた人

Q5.

はじめて観に行った映画は？

ドラえもん

Q6.

モデルになったきっかけって？

ロングヘアから
ショートヘアにしたこと

Q7.

ギャルの時に好きだったブランドは？

〈RODEO CROWNS WIDE BOWL〉
〈SLY〉

Q8.

初仕事の思い出を教えて

自転車で坂道を下るシーンで、
撮影のやり方を知らなくて
猛スピードで下りたら、
「それじゃ撮れないよ」って言われて、
恥ずかしかった記憶

Q9.

これだけは人に負けない！
と思うことを教えて

美味しそうにごはんを食べる撮影

Q10.

今行きたい場所は？ 何したい？

ドイツのデュッセルドルフの
ホテルで食べた朝食をもう一度……

Q11.

眠れない夜、何をする？

︾

YouTubeでクッキング動画を観るか、
3分で眠れる音楽を流す
（大抵3分じゃ眠れないけど）

Q12.

男性に会った時、最初にどこ見る？

︾

食べ方と所作

Q13.

好きなアニメは？

︾

『最終兵器彼女』、
『ヴァイオレットエヴァーガーデン』、
『PSYCHO-PASS』、
『東京喰種』、
『文豪ストレイドッグス』、
『BEASTARS』

Q14.

好きなキャラクターは？

︾

『PSYCHO-PASS』の狡噛慎也、
『BEASTARS』のレゴシ

Q15.

影響を受けた言葉は？

︾

「人生は思い出を作ること」by 母

Q16.

好きな芸人を教えて

︾

東野幸治さん、
ハライチ岩井さん

Q17.

落ち込んだ時の立ち直り方を教えて

︾

なんでそうなったかをめちゃくちゃ
考えて解決策が見付かったら、
あとは美味しいものを食べて寝る!!

Q18.

最後の晩餐で食べたいものは？

︾

母の作ったたまご焼き

Q19.

夫婦円満の秘訣って？

︾

お互いの歩み寄りと思いやり

Q20.

20年後、どんな自分になってると思う？

︾

年齢を重ねる楽しさを感じながら
暮らしてたらいいな

MY JOB

仕事へ行く時は、小さなサーモスマグにホットコーヒーを入れて持参。他に、ティパック、スケジュール帳、コラボなどの打ち合わせ時にメモをとるノートなど。

モデルというお仕事のはなし

ラッキーなことに、わたしは好きなことを仕事にすることが出来た。それでも最初から毎日忙しかったわけではなく、悶々とする日々も過ごしていた。暇さえあれば作品撮りをしたり、事務所で作戦を練ったり、雑誌を見てはモデルさんのポージングを研究しベタベタと付箋を貼り続けた。

けれど、やれることをやっても、やっぱり依頼がないとモデルとして働けないのが現実。よく神社にお参りしては、なけなしの小銭をお賽銭箱に入れて、神頼みしていた。すぐ自分を褒める癖があるわたしは、そんな神頼みをしただけの一日でさえも、今日もよく行動して偉いな、なんて思っていた。なんなら小銭が減っただけなのに、まるでお参りするのが仕事かのようにして忙しぶっていた。

上京当時のわたしは、人見知りと言葉の訛りを隠すため、撮影で他のモデルさんと一緒になってもあまり話さなかった。今振り返ると、なんて嫌なやつだったんだろう。そんなこと気にせずもっとオープンマインドでいられたらどれだけよかったか。

それでも仕事に対しては妥協出来ず、やれることを最大限にやった。たくさん怒られて、たくさん涙も流した。分からないことは経験していくしかないと思い、ひとまず自分でも分かる当たり前のことだけはしっかりやろうと心に決めた。絶対に遅刻しないとか、気持ちいい挨拶をするとか。どの職業も、大切なことは変わらないはず。

昔から緊張しやすいわたしは、10年経った今でもカメラ前に立つとドキドキしているのだけれど、その緊張も楽しめるくらいにようやくなってきた。もちろんやりたいことはたくさんあるけど、今の目標は、目の前にあるお仕事と全力で向き合いながら、長くこのお仕事を続けていくこと。出会える人との繋がりを大切に。大きな口を開けて、いつまでも笑っていられたら嬉しい。

1

1. 2021年、〈JOHNBULL〉とコラボレートしたサロペット。どんな人にもフィットするよう、さまざまな体型の人に試着していただきながら作った。**2.** 光沢感のあるボリュームワンピースは、2020年に〈Du Noir〉と作ったもの。フロントのボタンを外すとしろくまの刺繍が顔を出すデザイン。**3.** まだソバージュパーマをかけていた頃の、記念すべき初コラボアイテム。腕時計メーカー〈マルゼキ〉から発売されたしろくまウォッチ。リューズは氷をイメージしてデザインした。

3

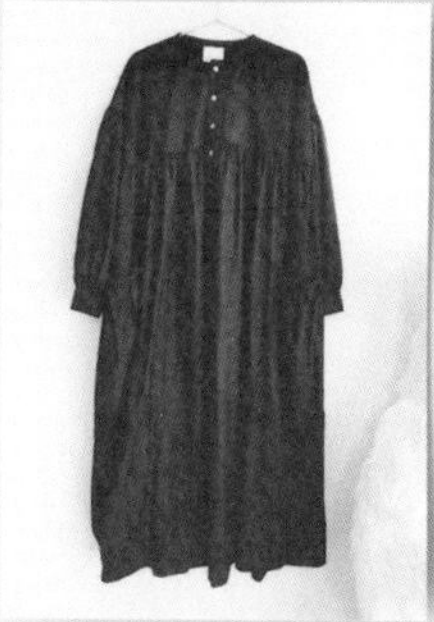

2

全国で見付けた美味しいもののはなし

食べることに一切の妥協は出来ない。せっかく食べるなら必ず美味しいものにありつきたいと思っている。そんなムダに張った食い意地は、ありがたいことに仕事にも繋がり、食べる撮影も少なくない。知らない街でご飯を食べようとすると何時間でも検索して、一番心惹かれたお店へ行く。渾身の検索の甲斐あって、だいたいは自分好みの味にありつけていると思う。食べたいと思いはじめると、ひとりでどこへでも行ってしまい、新幹線に乗って名古屋でひつまぶし、昼間から焼肉、イタリアンのコースまで。食べることにはいつだって真剣に取り組んでいる。

そんな食に貪欲な暮らしで出合った美味しいものたちが、数え切れないほどある。その中から、気分の上がるような可愛いお菓子や、わたしが子供の頃から慣れ親しんだお味噌まで、少しばかりご紹介したいと思う。気持ちが落ちた時でも、美味しいものがあればちょっぴり心を穏やかにしてくれる。「美味しい」は、元気な明日の源だ。おなかいっぱいに食べて、心もしあわせでいっぱいにしましょう。

〈開運堂〉

白鳥の湖（缶入）

口の中でホロホロッとほどけて、やさしい甘さがいっぱいに広がる絶品ソフトクッキー。缶も包装も可愛くてときめく！

—

16 枚入 ￥1372（送料別）
長野県松本市中央 2-2-15　9:00-18:00（1/1 休）
TEL.0263-32-0506
https://www.kaiundo.co.jp

〈ぎょうざの丸岡〉

ぎょうざ、焼き餃子のたれ

食べはじめたら最後、１パックくらいなら
すぐペロリと平らげてしまう。消費期限が
短いので、お取り寄せは計画的に。

—

ぎょうざ 50 個入 ￥1300、
焼きぎょうざのたれ ￥87（送料梱包料別）
宮崎県都城市志比田町 7314（本社）
TEL.0120-229-582（月〜土 9:00 〜 17:00　日祝休）
https://www.gyo-za.co.jp

〈ヘイセイ〉

あご入り鰹ふりだし

主張が強いパッケージデザインそのままに、旨味が凝縮されていて、これひとつで本格的なお出汁が手軽に取れる。

—

30袋入 ￥1080（送料別）
鳥取県伯郡琴浦町大字徳万731（本社）
TEL.0120-545-646
月～金（祝祭日を除く）8:00 ～ 17:00
http://www.agodashi.com

〈かねこみそ〉

かねこみそ米麹

実家の食卓の定番で、幼い頃から慣れ親しんできた母の味。大人になった今、我が家の味噌汁にも欠かせない逸品に。

—

500g　10個入　1,944円（税込み）※送料別
徳島県板野郡藍住町奥野字乾81-2（本社）
TEL.088-692-2611
https://kanekomiso.co.jp

〈アップルアンドスナック〉

アップルスナック

青森産りんご100%。はじめて食べた時は独特のほの酸っぱさと、軽くてサクサクとした食感に感動。グリーンが一番好き。

—

グリーン、レッド 64g 各￥400（送料別）
青森県南津軽郡田舎館村
大字川部字上船橋 50-10
TEL.0172-26-5360（月～金）
https://applesnack.com

〈APOC〉

パンケーキミックス（バターミルク）、クレオール スパイス ミックス

余韻に浸れる、しあわせのふわふわ食感。
シンプルな味わいパンケーキに、風味豊かなクレオールスパイスを掛けて。

—

バンケーキミックス（バターミルク）287g ￥1080、
クレオール スパイス ミックス 65g ￥1404（送料別）
東京都港区南青山 5-16-3 2F
apoc@sasser.ac
http://www.sasser.ac/apoc/shop01.html

当初は普通のビスケットで行われていたという、この定例儀式。たまたま家にあったミレービスケットを投入してみた時の感動は忘れられない、と熱く語る。

動画とミレーとハーゲンダッツのはなし

　なんて罪深いものを見付けてしまったんだと頭を抱える。
　ハーゲンダッツに、塩の効いたミレービスケットをこれでもかと割り入れる。これは本当に罪な味。ハーゲンダッツの味は、毎回リッチミルクかストロベリーで悩み、７割の割合でリッチミルクを選ぶ。こんな反則級の食べ方を公開してよいのかと疑問に思うが、これがリアルな本当のわたしでもある。わたしの至福の時間はそんな罪深い味と、動画を見ることで完成する。そんなどうしようもない時間がわたしの最高のひと時。
　ものすごく丁寧な暮らしをしているわけでもなく、ハンバーガーやポテトチップスもよく食べるし、料理が面倒な時は宅配に頼ったりもする。無理して丁寧な暮らしを続けることは、心に対してぜんぜん丁寧じゃないなと思う。
　一日の大半、動画を見て過ごすことも少なくない。アイドルやアニメも大好きで、新しい動画には常に目を光らせている。某科捜研のドラマや刑事ドラマも好きで、こちらも欠かせない。料理番組に、芸人さんのYouTube、映画に旅番組。そうこうしていると、一瞬にして窓の外が暗くなっている。家の中でも動画を手放さないわたしは、夜ご飯の支度中でさえキッチンで『孤独のグルメ』を観たり、おフロにジップロックに入れた携帯を持ち込み『旅猿』を観たりしている。そんな動画漬けの一日はあっという間に終わり、今日も一日は短いな、なんて思いながら布団に入る。

身の丈に合った料理のはなし

わたしは難しい料理は作れないし、手の込んだものもあまり作っていない。何より、続けられる料理を目標にしている。頑張りすぎると面倒になるし、出来合いのものだけでは味気ない。ちょうどよく自分に合った料理を模索中。

高校を卒業して家を出たわたしは、10代のうちから料理をしなくてはならない状況だった。特にこだわりもなく、なんとなくおなかが満たされればそれでよかった。器にもこだわりなんてなくて、100円のお皿ばかりだった。料理に対しての気持ちが変わったのは、東京に来てひとり暮らしをする時、ちょっとよいお茶碗を買ってから。そのお茶碗を使うと、いつもと同じ白米はまったく姿を変えて、とっても美味しそうに見えた。ここで器の偉大さに感激し、そこから少しずつ好きな器を揃えはじめた。

料理のインスタグラムアカウント『かのごはん』も、さかのぼるとどうしようもない料理ばかり出てくる。見た目も色合いも盛り付け方も。なんならよく分からない料理までアップしている。今見るとどれも納得がいかないけど、継続は力なり。その頃より、きっと成長していると信じて続けている。

切っただけ、茹でただけ、盛りつけただけ。それでもいいと思う。いくら簡単でも、続けられて美味しいと思えたら、それでいい。少し余裕がある時に新しい料理に挑戦したり、まだ使いこなせていないキッチン道具と向き合ったり、よく分からない頂き物の調味料を試してみたり。楽しいと思うキッカケはそんな些細なことからはじまるのかもしれない。

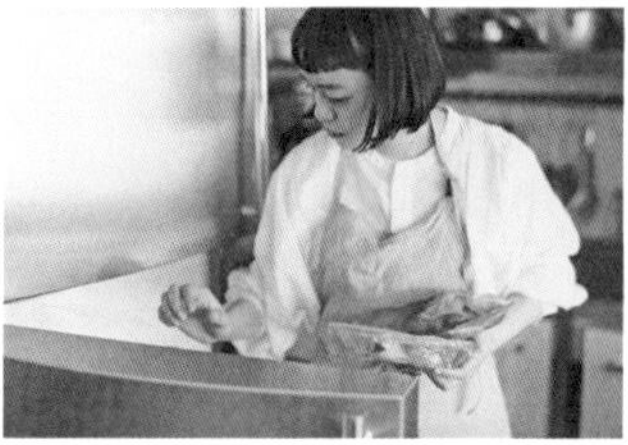

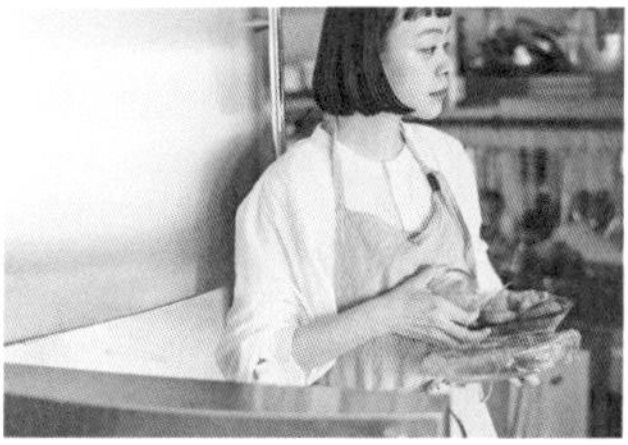

MY DISH

選抜キッチンツールのはなし

　わたしは調理器具をたくさん持っているわけではない。今ある道具でひと通りの料理はじゅうぶん調理出来る、選抜メンバーばかり。物を増やすのが好きではないわたしは、調理器具ひとつ買うのも数日、いや数週間は吟味する。そして、大抵はわざわざ買わなくても今あるこれで代用出来そうだな、という結論に達し、買わないことの方が多い。そんな風に、吟味してしまうと買わないことが多いが、直感人間の部分もあるわたしはひと目惚れをすると即決して買ってしまうようだ。

　ある日、京都での撮影のため前泊していたわたしは、気になっていた雑貨屋さんを訪れた。そこで見付けた無水鍋は、無駄を削ぎ落としたシンプルなデザインでなんとも自分好み。そのうえ、ひとつで８役もこなす優れもの。次の日の仕事にこの鍋を持参するか否か、なかなかのサイズ感と重さに少し躊躇した。調べるとネットでも購入出来そうだったが、この日のこの出合いが嬉しくて、やはり買うことにした。

　次の日、大きな紙袋を持参して現場入りし、東京までその重さを感じながら持ち帰った。今では相棒のような存在で、ほとんど毎日この無水鍋にお世話になっている。ご飯を炊いたり、お味噌汁を作ったり、煮物も美味しく出来るし、プリンだって蒸せちゃう。そんな相棒を、これから先も長く長く大切に使っていきたい。これからもよろしく頼むよ。

1_ Anhydrous pot

購入したお店の〈木と根〉には、仕事やプライベートで京都を訪れた際には、
時間があれば立ち寄るようにしているそう。併設カフェのかき氷もお気に入り。

FAVORITE

2_ Wooden scoop

菜切包丁は、〈北欧、暮らしの道具店〉で入手。鍋を傷つけず、見た目がやさしくて手に馴染む自然素材のものに惹かれる。

ガラスの漬物器。野菜が余ったら、『ろく助塩』と一緒に容器に放り込んでその日の食卓へ。浅漬けナンバーワン野菜はかぶ。

3_ Glass jar

数年間悩みに悩んで、ようやく富ヶ谷の〈暮らしの店 黄魚〉で入手。端っこがパリッとした目玉焼きが焼ける鉄のフライパン。

4_ Iron frying-pan

5_ Bamboo colander

3つとも最近購入したばかり。これまではステンレスを使っていたが、竹のざるの使い勝手が意外によく、日々活躍している。

6_ Aluminum colander

右2つはマッコリカップで、卵を溶いたり、ドレッシングを作ったりするのに使っている。アルマイトのトイっぽい質感が好きなのだそう。

一番上は、夫婦ともに好きな桜の木を使ったスプーン。木の持ち手のカトラリーセットは、旦那さんがプレゼントしてくれたもの。

7_ Cutlery

1

2

4

3

1. 箸置きコレクションの多くはいただきもの。その日の献立によって登場するしろくまが変わる。夫は丸や四角などシンプルな形のものを愛用している。2. 友人からのバースディプレゼント。真っ白なお皿には、可愛いしろくまの親子が描かれている。 3. 主に食パン用。トーストやオープンサンドがジャストに収まるスクエア型のお皿。4. なんだか愛嬌のある表情が好き。ブレイクタイムのお供の大きめサイズのマグカップ。あったかいコーヒーや紅茶をたっぷり注いで。

1

2

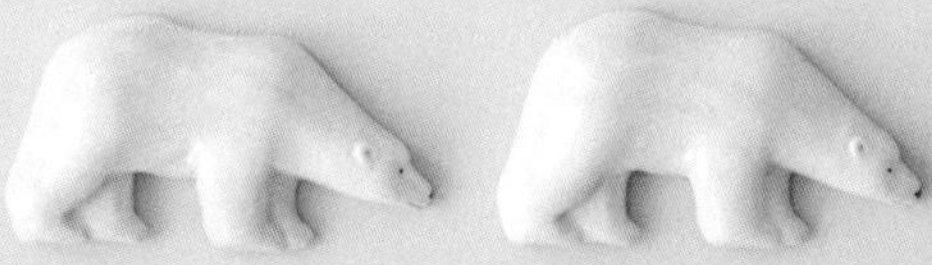

3

4

5

1. 円山動物園で買ったグラス。冷たい牛乳を入れて飲んでいる。 **2.** 3年くらい前の誕生日にいただいたお皿。ひとりランチの時に、オムライスをのせるのにちょうどいい。 **3.** 器を直接持つと熱いので、どうやって持つのが正解か分からないけれど、好きでよく使っている。**4.** 〈Starbucks Coffee〉でしろくまデザインがたくさん発売された時のもの。ボトル以外ももっと買いたかったな……。 **5.** ランチの時に重宝している木のトレイ。おそらく旅行先で購入したもの。

お味噌汁は旦那さんの好物で、ほぼ毎日、具沢山で作っているそう。Kanocoさんのレパートリーは、シンプルで、素材そのものの味を引き出したものが基本。

「まごわやさしい」のはなし

わたしは健康的な食事からジャンクなものまで、比較的なんでも好きでよく食べる。何か決まった健康的なものをたくさん摂取するわけでもなく、お野菜もお肉もバランスよく食べるのが自分の身体には合っている。ジャンクなものが続いたら、次の日はお野菜多めにして、なんとなく帳尻を合わせながら日々過ごしている。週に一回やってくる野菜の宅配は楽しみにもなっている。おまかせでいろんな野菜が届くから、普段自分では選ばないものもよく入っていて、そんな思わぬ野菜をどう料理するか考えるのも、新しい扉が開くようで面白い。

今回この本で紹介するレシピは、我が家でもよく登場するものばかりで、母に教えてもらった「まごわやさしい」という和食の合言葉にのっとった、7品の料理。「ま」はまめ、「ご」はごま、「わ」はわかめ（海藻）、「や」はやさい、「し」はしいたけ（きのこ）、「い」はいも。どのレシピも作り方はシンプルで、素材の味がそのままに美味しい。

お気に入りの道具や調味料を使って、お気に入りの器に盛れば、簡単な料理もとっておきになる。きちんと箸置きも用意して食卓に並べると、自然と「いただきます」の気持ちが湧いてくるから不思議だ。

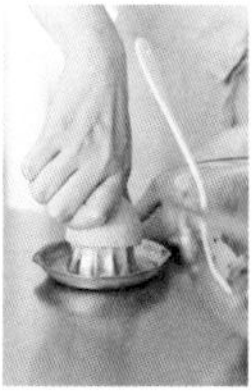

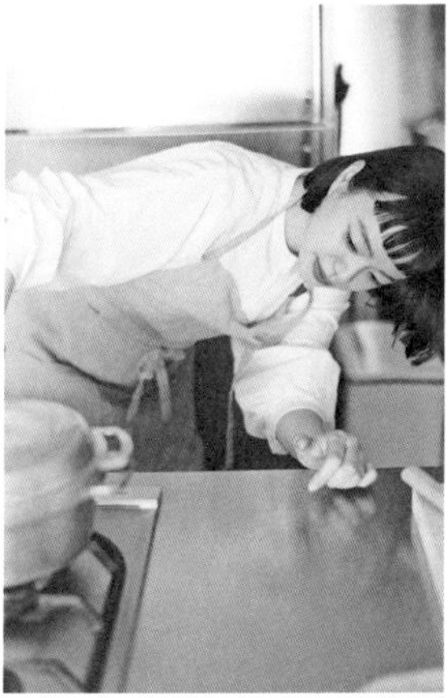

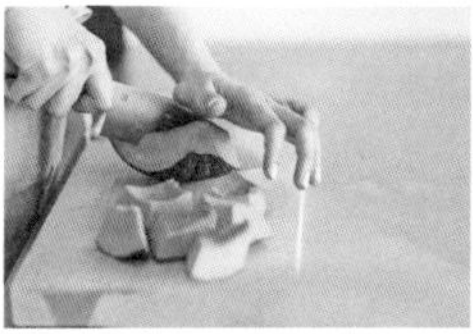

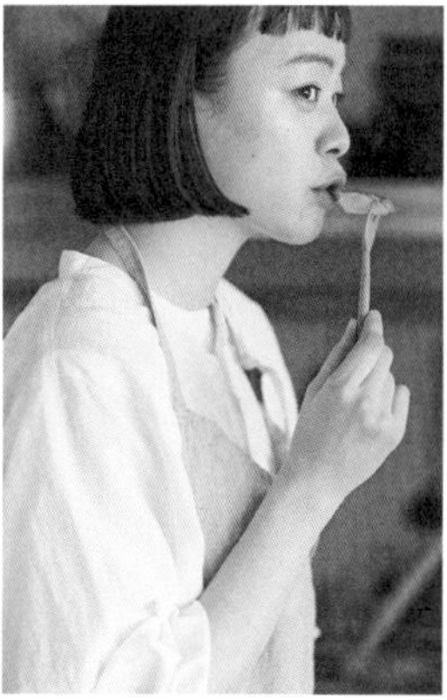

RECIPES

ひよこ豆のサラダ

まめ

材料（2人分）

ひよこ豆（ドライパック）	1袋（85g）
トマト	1個
紫たまねぎ	1/4個
セロリ	1/3本
パセリ（みじん切り）	大さじ1
ケッパー（酢漬け）	大さじ1

［A］

レモン汁	大さじ2
オリーブオイル	適量
塩、こしょう	各適量

作り方

1. トマト、紫たまねぎ、セロリは1cm角に切る。ケッパーは刻む。
2. ボウルに1、ひよこ豆、パセリを入れてAで和える。

ごま

ごまとキャベツのおみそ汁

材料（2人分）

キャベツ	2枚
だし汁（いりこ）	2カップ
みそ （P89「かねこみそ」を使用）	大さじ1と1/2
すりごま	適量

作り方

1. キャベツは太めの千切りにする。
2. 鍋にだし汁を入れて温め、キャベツを加える。キャベツが煮えたらみそを溶き入れる。
3. 器に盛ってすりごまをふる。

わかめ

わかめと竹輪のわさびマヨ和え

材料（2人分）

わかめ（乾燥）	5g
竹輪	2本
きゅうり	1本

［A］

わさび	小さじ1/2
いりごま	小さじ1
マヨネーズ	大さじ3
薄口しょうゆ	小さじ1/2

作り方

1. わかめは水で戻す。竹輪ときゅうりは輪切りにする。きゅうりは塩（分量外）でもみ、水洗いして水気をしぼる。
2. 1をAで和える。

かぼちゃとウインナーソーセージの煮物

材料（2～3人分）

かぼちゃ	1/4個
ウインナーソーセージ	6本
だしパック （P89「あご入り鰹ふりだし」を使用）	1袋
水	1カップ

作り方

1. かぼちゃは種とわたを取りのぞき、食べやすい大きさに切る。ウインナーソーセージは斜め切りにする。
2. 無水鍋に材料をすべて入れふたをして火にかける。煮立ったら弱火にし、かぼちゃが柔らかくなるまで煮る。

(さ)かな

タラとタラコの親子和え

材料（2人分）

タラ	2切れ（200g）
酒	大さじ1
［A］	
タラコ（ほぐしたもの）	1/2腹分（30g）
マヨネーズ	大さじ1
レモン汁	小さじ1
大葉	2枚

作り方

1. 耐熱皿にタラをのせ酒をふり、ふんわりとラップをして電子レンジ（600w）で3分半〜4分加熱する。皮と骨をのぞいて大きめにほぐす。
2. 1の身をAで和え、器に盛り千切りにした大葉をのせる。

(し)いたけ

焼きしいたけの混ぜごはん

材料（2人分）

しいたけ	4枚
薄口しょうゆ	小さじ1/2
ごはん	1合分
［A］	
かつお節	3g
いりごま	小さじ1
薄口しょうゆ	大さじ1〜1と1/2

作り方

1. しいたけは軸を取り、かさの内側に薄口しょうゆを均等にたらしてオーブントースター（1200w）で5〜6分焼いて4つ割りにする。
2. 温かいごはんに1、Aを加え混ぜる。

いも

じゃがいもとさつまいものベイクドポテト

材料（2～3人分）

じゃがいも	2個（250～300g位）
さつまいも	1本（250g）

［A］

オリーブオイル	大さじ2
にんにくすりおろし	小さじ1
塩、こしょう	各適量
スパイス	小さじ1/2

（P91「クレオール スパイス ミックス」を使用）

（ローズマリー、カレー粉、青のりでも）

パセリ（みじん切り）	適量

作り方

1. じゃがいもとさつまいもは皮付きのまま乱切りにしてボウルに入れ、Aを全体にからめる。アルミホイルを敷いた天板に並べ、200度（予熱なし）のオーブンで約20分焼く。
2. 器に盛り、パセリを散らす。

SHIROKUMA DATA_クリス ››› P017

愛する家族のはなし

わたしの人生の幸運は、夫に出会えたこと。この先もずっと彼と共に生きていけると思うと、人生短すぎて悔やまれる。わたしの家族も昔から仲がよく、父と母はいまだによくデートをしている。その姿を見ていたからか、わたしもそんな家庭を築きたいと無意識のうちに思っていた。

わたしは20代半ばで結婚し、夫とふたりで暮らしてきた。この数年間を、たくさんのしあわせや悲しみもともにして生きてきた。夫が隣にいてくれたから乗り越えられたこともたくさんあるし、人生の先輩として心から尊敬している人でもある。

そんなふたりの時間ももうすぐ終わり、3人の時間がはじまろうとしている。

この文章を書いている瞬間にも、おなかをボコボコ蹴られている。経験したことのない不安と、もうすぐ我が子に会える大きな大きな楽しみを抱えながら、かけがえのない今を愛する夫と過ごしている。

撮影時は妊娠8カ月。この日のために旦那さんがデザインしてくれたワン＆オンリーのドレスで。妊娠中のマイナートラブルに悩まされつつも、最高の「今」を切り取ることが出来た。

これから、のはなし

わたしは人に頼ることがすごく苦手で、助けて欲しいともあまり言えず、いつだってぜんぜん大丈夫だと言ってしまう癖がある。人に迷惑はかけたくないし、頑張ったら頑張っただけどうにかなると思っていた。

でも妊娠したら無理をしてはダメだとキツく言われ、頑張ってはいけない生活をはじめて体験した。その生活は思っていた以上に難しく、ついつい思いっきり頑張りたくなるけど、そんな時は決まっておなかが少し痛くなり、「かあちゃん休んで〜」とおなかの中から言われているような気分だった。

とことん心配症でもあるわたしは、まだ見ぬ我が子に何かあってからじゃ遅いと思い、やれることだけしかしないと決め、公私ともに頑張りすぎるところから思いきって距離を置いた。大好きな仕事もたくさん葛藤しながら、少しずつ少しずつ、スローダウンした。いつだってまわりには助けてくれる家族、友達、仕事仲間がいて、助けて欲しいと言う前に助けてくれる人たちばかりだった。そう思うと、自分ひとりで頑張っていたと思っていたことも本当はそうではなくて、実は妊娠するよりもっとずっと前からたくさんの人たちに助けられてきたのだということに、改めて気付かされる。

きっと今までと同じようにはいかないし、これから想像を超える日常が待っていると思うと、気持ちが落ち着かない。はじめてのことばかりでアタフタしてしまうけど、それでも小さな命には大きくて広い未来が待っている。わたしたち夫婦の元へ来てくれた小さな命を、精一杯に守っていこうと思う。

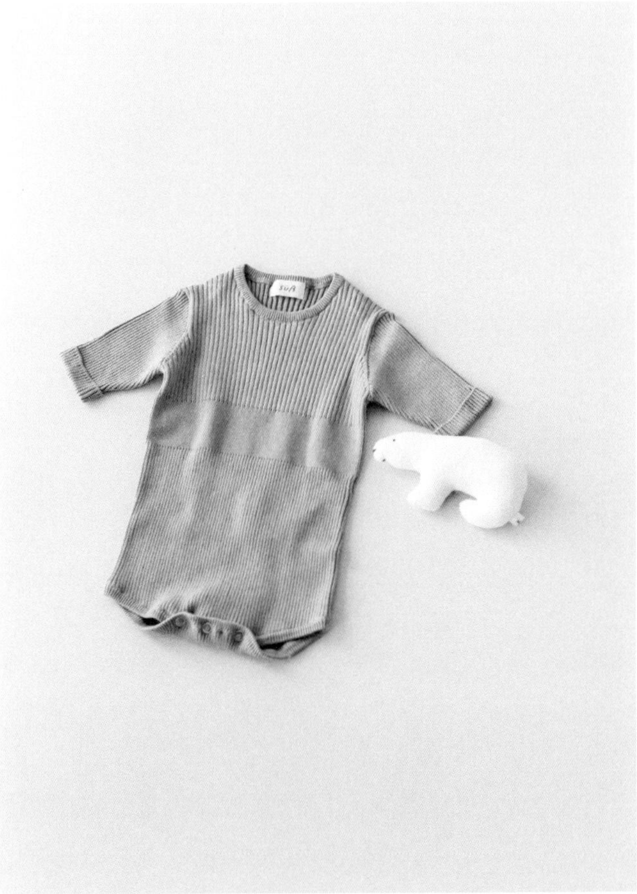

出産予定日が近付くにつれて少しずつ増えていくベビー用品。こちらの服は、
性別が分かってから、おなかの赤ちゃんを想ってKanocoさんが選んだもの。

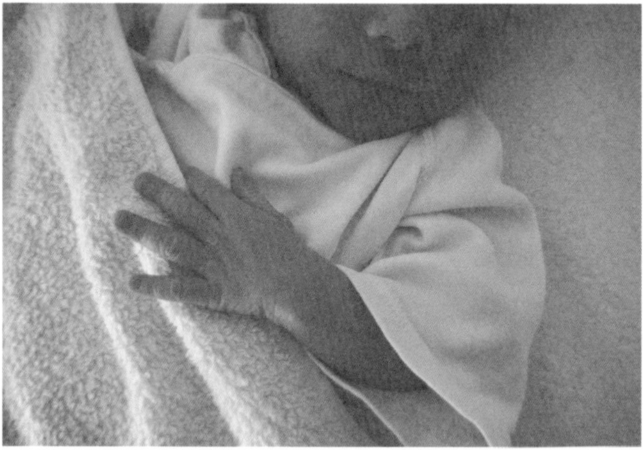

おわりに

　最後まで読んでいただき、本当にありがとうございました。手にしてくれた方の本棚に並ぶと思うと、プレッシャーを感じながらも、1ページずつ大切に作りました。

　そして、好きなものを好きでいることが、わたしにとっての自分らしさなんだと、この本を作りながら気付かせてもらいました。わたしを取り囲むたくさんの「好き」は、心を少し晴れにしてくれる。大事なものをたくさん抱えながら、軽やかに生きていきたいと思う今日この頃です。

　好きなもの、好きなこと、大切な思い出。なんだっていいんです。読んでくださったあなたにとって、そんな小さな何かを拾い集めるキッカケのような一冊になれたら嬉しいです。

愛を込めて。

Kanoco

装丁／福田治郎

撮影／田村昌裕（FREAKS）

ヘアメイク／吉川陽子

フードコーディネーター／平田万里子

マネージメント／福田彩乃（BARKinSTYLe）

編集／白﨑寛子

※掲載アイテムはすべて著者私物です。
お問い合わせはご遠慮ください。

かの・この・はなし

2021年8月4日　第1刷発行

著者　Kanoco《カノコ》

発行者　島野浩二
発行所　株式会社 双葉社
〒162-8540 東京都新宿区東五軒町3番28号
03-5261-4818（営業）
03-5261-4835（編集）
http://www.futabasha.co.jp/
（双葉社の書籍・コミック・ムックが買えます）
印刷所・製本所　大日本印刷株式会社

※落丁・乱丁の場合は、送料小社負担にてお取り替えいたします。「製作部」宛にお送りください。ただし、古書店で購入したものについてはお取り替えできません。
03-5261-4822（製作部）

ISBN978-4-575-31634-6 C0095